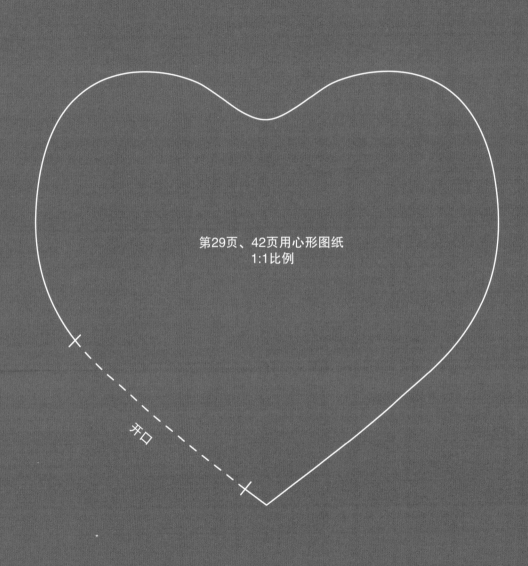

第29页、42页用心形图纸
1:1比例

开口

恋上法式十字绣

甜蜜的家

［法］Marie-Anne Réthoret-Mélin 著

刘梦星 译

图书在版编目（CIP）数据

恋上法式十字绣.甜蜜的家 ／（法）莱索雷-梅林著 ； 刘梦星译.—北京 ： 华夏出版社，2014.1

ISBN 978-7-5080-7663-8

Ⅰ.①甜… Ⅱ.①莱… ②刘… Ⅲ①刺绣-手工艺品-法国-图集 Ⅳ.①TS935.5

中国版本图书馆CIP数据核字（2013）第130220号

Sweet Home by Marie-Anne Réthoret-Mélin
© Mango,Paris-2009

北京市版权局著作权合同登记号：图字 01-2012-6667

恋上法式十字绣.甜蜜的家

作　　者　[法] 莱索雷-梅林
译　　者　刘梦星
责任编辑　尾尾鱼
美术设计　Grace
责任印制　刘　洋

出版发行　华夏出版社
经　　销　新华书店
印　　刷　北京尚唐印刷包装有限公司
装　　订　北京尚唐印刷包装有限公司
版　　次　2014年1月北京第1版
　　　　　2014年1月北京第1次印刷
开　　本　880x1230 1/24开
印　　张　3.5
字　　数　30千字
定　　价　35.00元

华夏出版社　地址：北京市东直门外香河园北里4号　　邮编：100028
　　　　　　网址：www.hxph.com.cn　　电话：（010）64663331（转）
若发现本版图书有印装质量问题，请与我社营销中心联系调换。

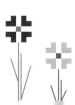

恋上法式十字绣

甜蜜的家

［法］Marie-Anne Réthoret-Mélin 著　刘梦星 译

［法］Fabrice Besse 摄影

［法］Sylvie Beauregard 设计

华夏出版社
HUAXIA PUBLISHING HOUSE

4

曾经有一个地方，
他们的家园被花朵簇拥。
欢迎所有的动物和朋友们来做客，
因那里有着无尽的宝藏供分享。

在他们的世界里，他们分享：
爱与幸福
友谊与甜蜜

当他们做刺绣的时候，你收获的是
平静与温柔。

Marie-Anne

家，甜蜜的家

使用十字绣针法和回针针法，将图案绣制在准备好的亚麻布中央，绣线为2股/2纱。在绣布背面，用粉笔环绕绣图标记出一个20x23cm的长方形。沿粉笔标记剪裁掉多余的布料，剪裁线距粉笔标记2cm，锁边。

将绣有图案的亚麻布和平纹布面对面重叠放在一起，用大头针固定住。用平针将二者缝在一起，留一段15cm长的开口。

将布料从开口处翻回正面，熨烫。用拱针缝合预留的开口。

将晾衣架穿过，将作品的上端缝合。

别致衣架一个，长26cm

28ct亚麻布一块：

32 x 35cm（DMC 842）

32 x 35cm平纹布一块
（或是深色亚麻布）

DMC绣线3774号，152号，3721号，169号，3799号各一卷

粉笔或布用铅笔一支

7

	3774		3721		3799
	152		169		

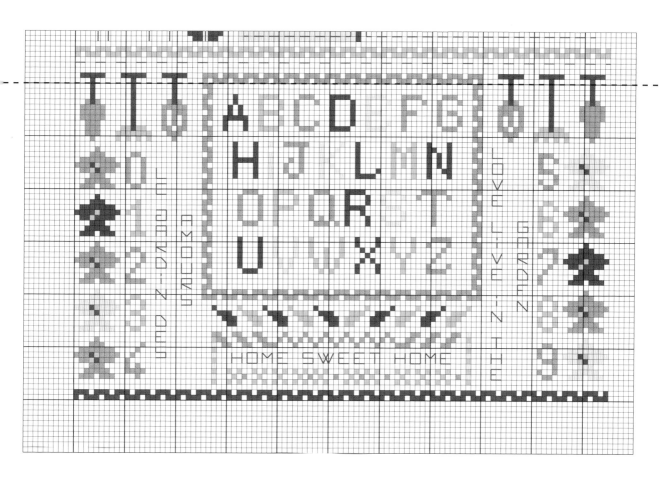

图案尺寸：105 x 130格

绣布大小（不含留白）（28ct布料）：21 x 17cm

欢迎光临

	152		3348		680
	3721		469		779
	3752		677		169
	931		676		3799

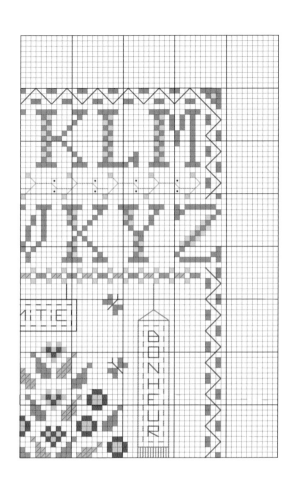

图案尺寸：139 x 139格

绣布大小（不含留白）（28ct布料）：22.5 x 22.5cm

使用十字绣针法和回针针法，将图案绣制在准备好的亚麻布（28ct，DMC 842）中央，绣线为2股/2纱。

根据绣画完成后的用途，剪裁布料。

至少在图案四周各留出20cm空白边距。

14

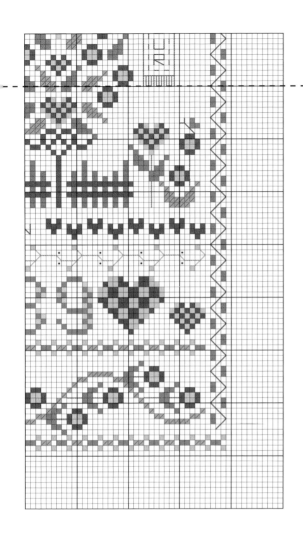

28ct亚麻布一块：
18 x 18cm（DMC 842）

卡纸一张：24 x 8cm（粉紫色，紫罗兰色，绿色或蓝色）

丝带一条：40cm长，7mm宽（粉紫色，绿色或紫罗兰色）

DMC绣线3774号，152号，3721号，3752号，3750号，3348号，469号，676号，680号，779号，3799号各一卷

热粘合布一块，用于粘接布料

卡片

　　使用十字绣针法和回针针法，将图案绣制在准备好的亚麻布（28ct）中央，绣线为2股/2纱。裁剪多余的绣布，使图案边缘距布边1.5cm，最终，形成一个7x7cm大小的正方形。在绣布背面贴上热粘合布。将长方形卡纸等分折叠成三份（8x8cm），在最左侧的正方形中央剪出一个5x5cm的正方形窗口。之后，将贴有热粘合布的绣布粘在这个窗口的背面。将中间的正方形粘在绣布背面。在卡片折痕处系一条丝带。

28ct亚麻布一块：
16 x 16cm（DMC 712）

DMC绣线3774号，152号，3721号，3752号，3750号，3348号，469号，676号，680号，779号，3799号各一卷

磁铁一块

缝纫用扣子一颗，用于盖住磁铁：直径2cm

固体胶棒

小磁铁

　　使用十字绣针法，将图案绣制在准备好的亚麻布（28ct）中央，绣线为1股/1纱。

　　用绣好的绣图将扣子包住。

　　用固体胶棒，将磁铁同扣子背面粘在一起。

家之爱心

19

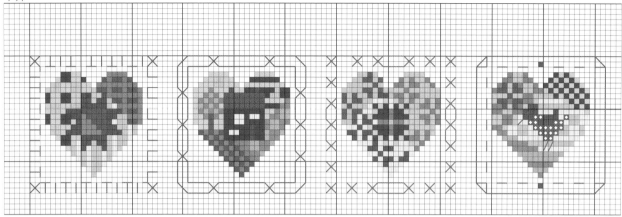

图案尺寸：25 x 25格

绣布大小（不含留白）（28ct布料）：4 x 4cm

小磁铁

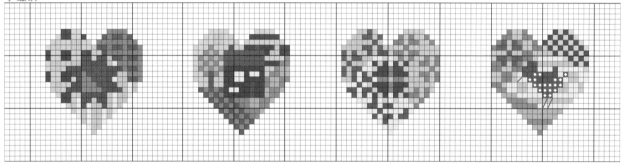

图案尺寸：25 x 25格

绣布大小（不含留白）（28ct布料）：1.5 x 1.5cm

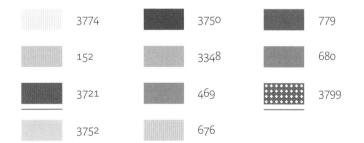

3774	3750	779
152	3348	680
3721	469	3799
3752	676	

家之爱心

图案尺寸：109 x 99格

绣布大小（不含留白）（28ct布料）：18 x 16cm

使用十字绣针法和回针针法，将图案绣制在准备好的亚麻布（28ct，DMC 842）中央，绣线为2股/2纱。根据绣画完成后的用途，剪裁布料。至少在图案四周各留出20cm空白边距。

	152		3348		677		169
	3721		469		680		
	3750		935		779		

21

井井有条

使用十字绣针法和回针针法，将图案绣制在准备好的亚麻布（28ct）中央，绣线为2股/2纱。将每个绣图背面都贴上一块热粘合布。用剪刀剪裁这三个正方形，使图案边缘距布边2mm。

用米色格子布料盖住木板，沿木板边缘裁剪布料，使四周多出木板边缘2cm。将多出来的布折到木板背面，粘贴。将卡纸贴在木板的背面，用于盖住折到背面的布边。将双面胶粘在整个布板的背面，即卡纸上。

现在，将三个正方形绣图贴在布板上。使三者沿长边居中分布，距布板上端1cm。将三个钩子沿长边居中拧入木板，距绣图下边缘1cm。

28ct正方形亚麻布三块：
20 x 20cm（DMC 842）

DMC绣线3774号，152号，3721号，3752号，3750号，469号，676号，680号，779号，169号，3799号各一卷

米色方格布一块： 40 x 19cm

木板一块：30 x 24cm，厚1cm
（可利用废旧物品）

黄铜色挂钩三个（可利用废旧物品）

双面胶两块用于固定布板

米色卡纸一张：13 x 29cm

热粘合布一块用于固定绣图、剪刀

备忘板

使用十字绣针法和回针针法，将图案绣制在准备好的亚麻布（28ct）中央，绣线为2股/2纱。图案居中，上端距布边3.5cm。

用布料将厚纸板盖住，使厚纸板居中，上边超出厚纸板5mm。沿木板边缘裁剪布料，使四周多出木板边缘2cm。将多出来的布折到木板背面，粘贴。将卡纸贴在木板的背面，用于盖住折到背面的布边。将双面胶粘在整个布板的背面，即卡纸上。

现在，将备忘录本居中粘在布板上，上端距绣图下边缘5mm。用回针针法，使用2股/2纱绣线，将图案绣制在深色亚麻布布头上。之后根据木质晾衣夹的大小，剪裁亚麻布布头的尺寸，将绣好的布头粘在晾衣夹上。

28ct亚麻布一块：
25 x 37cm（DMC 842）

深色亚麻布、平纹布布头

DMC绣线3721号（或4210号），3750号（或4240号），935号（或4045号），680号，779号各一卷

3个木制晾衣夹

双面胶一块用于固定布板

备忘录本一个：7.5 x 10.5cm

厚纸板一块：15 x 27cm，厚3m

米色卡纸一张：14 x 26cm

布用胶水

小贴士
　　可以在布板上粘上一支笔，以便随时取用。

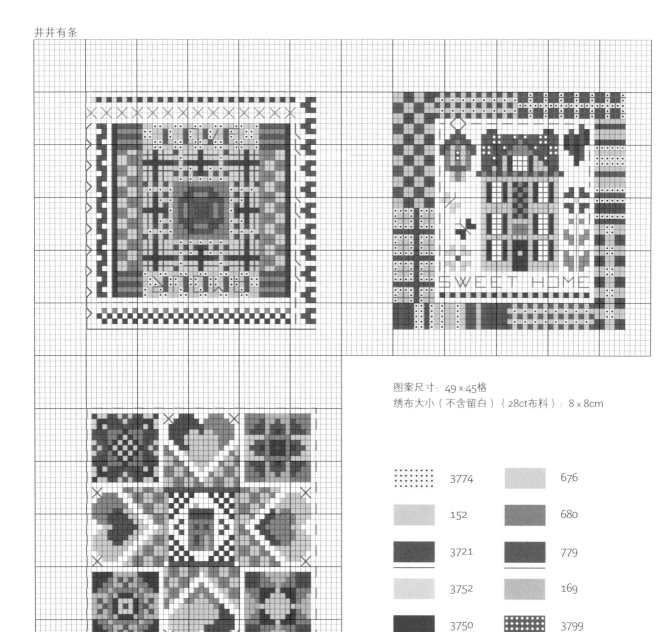

图案尺寸：49 × 45格
绣布大小（不含留白）（28ct布料）：8 × 8cm

3774		676		
152		680		
3721		779		
3752		169		
3750		3799		
469				

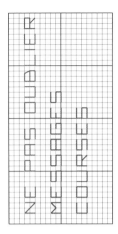

截取出来字母绣法，供绣制
第62–63页图案时参考。

	3721 或 4210
	(渐变线)
	3750 或 4240
	(渐变线)
	935 或 4045
	(渐变线)
	680
	779

图案尺寸：75 × 80格

绣布大小（不含留白）（28ct布料）：14 × 14cm

27

28ct亚麻布一块：22 x 22cm（DMC 842）

精织布料或亚麻布一块：22 x 22cm

DMC绣线3721号（或4210号），blanc各一卷

挂绳一段：长45cm，宽5mm

花边一条：长22cm，宽5mm（拼接）

小扣子一颗

粉笔或布用铅笔一支

心形挂饰

　　使用十字绣针法和回针针法，将图案绣制在准备好的亚麻布（28ct）中央，绣线为2股/2纱。在绣布背面，参照本书心形图纸，画上同样的形状。

　　将绣好图案的亚麻布和另一块布料面对面重叠对齐，用大头针别住固定。用平针将二者沿之前画好的痕迹缝合，留一段6cm长的开口。

　　剪裁掉缝合后多出来的布料，使布边宽1.5cm。用圆角工具，修剪余出来的布边成弧形。将布料从预留的开口处翻回来，塞入填充物，缝合开口。

　　将挂绳一段缝在爱心上端的正中央，从此处将花边绕心形一圈，挂绳绕一圈形成一个环，用于悬挂爱心，二者于同一个位置缝合。在缝合处加一颗小扣子，挡住缝合的痕迹。

在房间里

28ct亚麻布一块：32 x 29cm（DMC 842）

精织布料或亚麻布一块：32 x 29cm

背衬布两块：26 x 23cm

DMC绣线3721号（或4210号），blanc各一卷

拉锁一条：长20cm

装饰用丝穗一段

粉笔或布用铅笔一支

靠垫套

　　使用十字绣针法和回针针法，将图案绣制在准备好的亚麻布（28ct）中央，绣线为2股/2纱。

　　在绣布背面，用粉笔环绕绣图标记出一个22x19cm的长方形。沿粉笔标记剪裁掉多余的布料，剪裁线距粉笔标记2cm，锁边。将绣布同另一块精织布料背对背重叠对齐，用大头针固定。使用平针针法，沿标记线，将二者底边和两个侧边缝合。

　　将两块背衬布缝成一个同样尺寸的袋子。将背衬布口袋背对背放入亚麻布口袋。将二者上端向内折2cm，插入拉锁。用手或缝纫机将拉锁缝合在此处，并使背衬布口袋和亚麻布口袋固定在一起。

　　把装饰用丝穗拴在拉锁上。

 3721 或 4210
(渐变线)

o　白色

图案尺寸：110 x 95格

绣布大小（不含留白）（28ct布料）：18 x 15cm

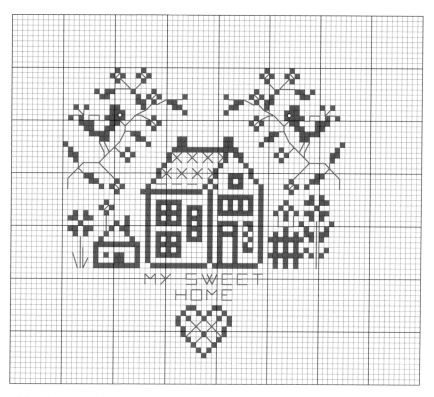

图案尺寸：55 x 55格

绣布大小（不含留白）（28ct布料）：18 x 10cm

	3721 或 4210
	(渐变线)
o	白色

夜晚降临，连所有的猫都已入睡……

33

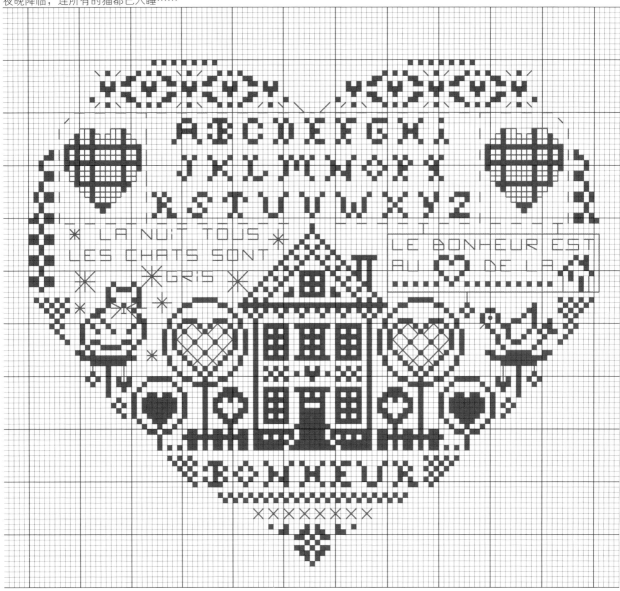

图案尺寸：111 x 96格

绣布大小（不含留白）（28ct布料）：18 x 16cm

3750 或 4240 (渐变线)

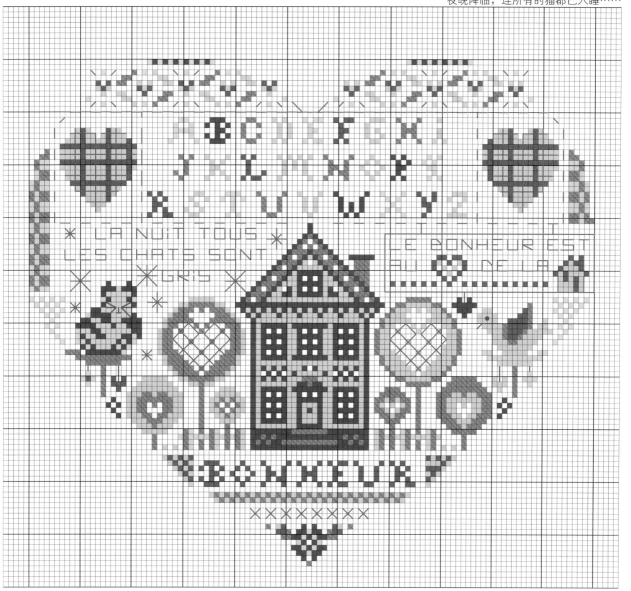

使用十字绣针法和回针针法，将图案绣制在准备好的亚麻布（28ct，DMC 842）中央，绣线为2股/2纱。根据绣画完成后的用途，剪裁布料。至少在图案四周各留出20cm空白边距。

	152		931
	3721		3750
	3752		

28ct亚麻布一块：20.5 x 20.5cm（DMC 842）

精织布料一块：20.5 x 20.5cm

DMC绣线3721号（或4210号），3750号（或4240号），935号（或4045号），676号，779号各一卷

合成纤维填充物

八角形针插

　　使用十字绣针法和回针针法，将图案绣制在准备好的亚麻布（28ct）中央，绣线为2股/2纱。用回针针法，使用2股/4纱的绣线，在绣图周围绣一周。之后剪裁亚麻布料，使布边距回针针脚1cm，将多出来的这1cm向内折入。用同样的方法剪裁精织布料，形成一个同样大小的正方形（10.5x10.5cm）。

　　用大头针标出绣布其中一边的中点，把精织布的其中一个角同这个中点固定在一起。将绣布同精织布正面朝外重叠对齐，形成一个五边形。在绣布上一圈红色（3721号或4210号）回针针脚之上，用绿色线（935号或4045号）将二者缝合。最终缝合完成前将填充物塞入。

28ct亚麻布一块：13.5 x 13.5cm（DMC 842）

精织布料一块：13.5 x 13.5cm

DMC绣线3721号（或4210号），3750号（或4240号），935号（或4045号），676号各一卷

合成纤维填充物

小吉祥物

　　使用十字绣针法和回针针法，将图案绣制在准备好的亚麻布（28ct）中央，绣线为2股/2纱。用回针针法，使用2股/4纱的绣线，在绣图周围绣一周。之后剪裁亚麻布料，使布边距回针针脚1cm。将多出来的这1cm向内折入。

　　用同样的方法剪裁精织布料，形成一个同样大小的正方形（3.5x3.5cm）。将两块正方形布料正面朝外重叠对齐，在绣布上一圈红色（3721号或4210号）回针针脚之上，用绿色线（935号或4045号）将二者缝合。最终缝合完成前将填充物塞入。

　　编织挂绳时，将2股红色绣线一根（3721号或4210号）和2股绿色绣线一根（935号或4045号）的一端用大头针固定，将两根线螺旋式拧紧在一起。将形成的编织绳两段重合，形成一个绳圈，插入吉祥物的一个角，打结固定。

心形小盒子

量出盒子的高度和直径大小。根据这些数值，从精织布料上截出一段布条，长是盒子的周长（多留出2cm），宽为盒子高度的2倍（多留出2cm）。使用同样的方法测量盒盖，并裁剪出一段布条。将两段布条分别粘在盒子和盒盖上，将余出的布料粘在背面。

根据心形盒子的形状裁剪两块细毡子，将其分别粘在盒子内侧的底部和盒盖的背部。盖住刚刚粘过来的多余布条。将纸也按同样的方法剪裁，贴在盒子外侧底部。

使用十字绣针法和回针针法，将图案绣制在准备好的亚麻布（28ct）中央，绣线为2股/2纱。根据心形盒子的形状，裁剪厚纸板和绒布，将它们粘在一起。将绣布放在它们上面，使图案位于中央。裁剪掉多余的绣布，使布边距图案1.5cm。将绣布背面粘在厚纸板上。将整个心形绒布板粘在盒盖的正面。

28ct亚麻布一块：
22 x 22cm（DMC 842）

DMC绣线152号，3721号，3752号，931号，3750号，3348号，469号，676号，680号，779号各一卷

精织布料一块：32 x 32cm（盒子外包）

22 x 22cm细毡子两块（盒子内层）

约12cm宽心形盒子一个（可利用废旧物品）

厚纸板一块：16 x 16cm

绒布一块：16 x 16cm

纸一张：16 x 16cm

布用胶水

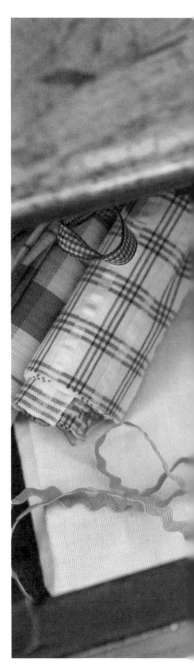

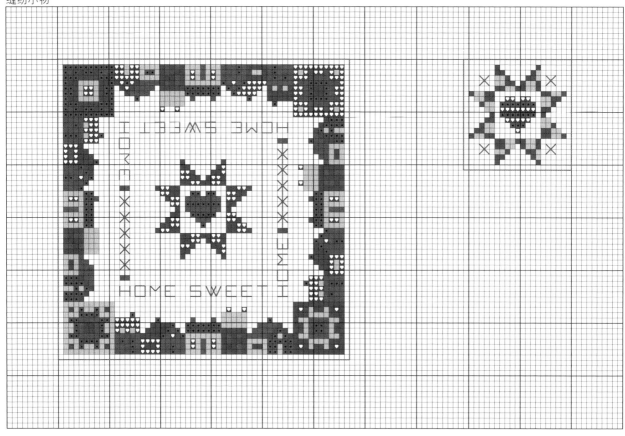

图案尺寸：57 x 57格（针插）；21 x 21格（小吉祥物）

绣布大小（不含留白）（28ct布料）：10.5 x 10.5cm（针插）；

3.5 x 3.5cm（小吉祥物）

▨	3721 或 4210 （渐变线）	676
▨	3750 或 4240 （渐变线）	779
■	935 或 4045 （渐变线）	

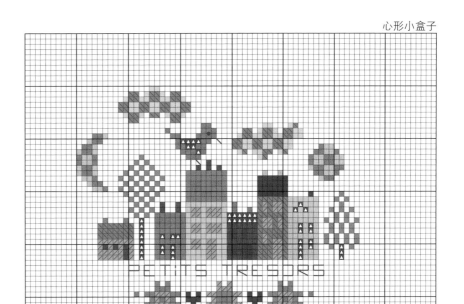

图案尺寸：55 x 55格

绣布大小（不含留白）（28ct布料）：18 x 10cm

▨	152	▨	931	▨	469	▲	779
▨	3721	▨	3750	▨	676		
		── ●					
▨	3752	▨	3340	▨	680		

遣词造句

将精织布料居中粘在记事本封面中央（自螺旋型本脊边缘算起）。剪裁布料，使布边距本边1cm。将余出的这1cm布料向内折，粘在本皮背面。将本子的第一页同本皮背面粘在一起，盖住布料折叠部分。

使用十字绣针法和回针针法，将图案绣制在准备好的亚麻布（28ct）中央，绣线为2股/2纱。参照本书心形图纸，裁剪卡纸和绒布，将二者粘在一起。

将绣布放在心形绒布板上，使图案居中。裁剪绣布，使布边距布板1.5cm，将绣布粘在绒布板上。将整个心形布板粘在记事本封面上。用锯齿形花边装饰心形绒布板四周。

28ct亚麻布一块：21.5 x 20cm（DMC 842）

DMC绣线3774号，152号，3721号，3752号，931号，3750号，3348号，469号，676号，680号，779号各一卷

精织布料一块：33 x 26cm

锯齿形绣制花边一条：长36cm，宽5mm

锯齿形精织布花边一条：长18cm，宽10mm

卡纸一张：16 x 16cm

绒布一块：16 x 16cm

布用胶水

43

44

28ct亚麻布一块：
17.5 x 17.5cm（DMC 842）

DMC绣线3774号、152号、3721号、3752号、931号、3750号、3348号、469号、935号、677号、680号、779号、169号、3799号各一卷

精织布料一块：17.5 x 17.5cm

弹簧钩一个（缝纫用）

植物小香袋一个

镇纸或钥匙链

　　使用十字绣针法和回针针法，将图案绣制在准备好的亚麻布（28ct）中央，绣线为2股/2纱。剪裁布，使布边距图案边缘1cm，将边缘向内折，折痕距回针针脚2mm。用同样的方法处理精织布，形成一个同样尺寸的正方形（7.9x7.9cm）。

　　将精织布和绣布用大头针固定，背对背缝合。缝合完成前，将小香袋塞入。若做钥匙链用，在其中一角插入弹簧钩。

28ct亚麻布一块：
32 x 17.5cm（DMC 842）

DMC绣线3774号、152号、3721号、3752号、931号、3750号、3348号、469号、935号、677号、680号各一卷

玻璃笔筒一个：底面周长22cm，高9.5cm

笔筒

　　使用十字绣针法和回针针法，将图案绣制在准备好的亚麻布（28ct）中央，绣线为2股/2纱。

　　量出笔筒的周长和高度，将布料裁剪成相应尺寸，计算出所需布料的面积：（周长+2cm）x（高度+2cm）。

　　将留白的布料沿笔筒边缘内折，使布边距笔筒边1cm，一圈粘在笔筒里面。

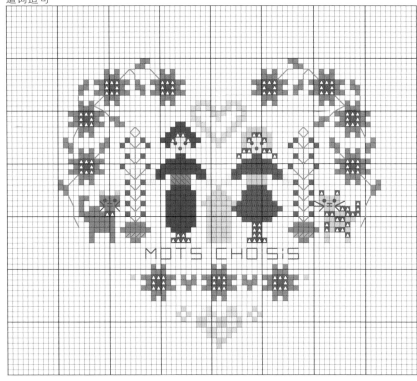

图案尺寸：62 x 55格

绣布大小（不含留白）（28ct布料）：11.5 x 10cm

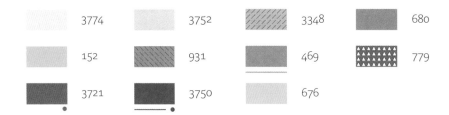

3774	3752	3348	680
152	931	469	779
3721	3750	676	

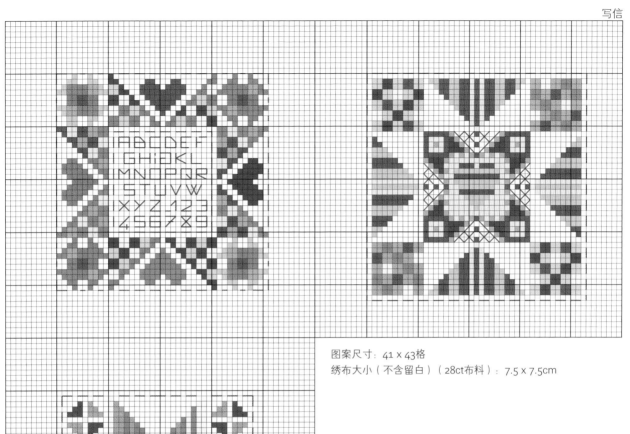

图案尺寸：41 x 43格

绣布大小（不含留白）（28ct布料）：7.5 x 7.5cm

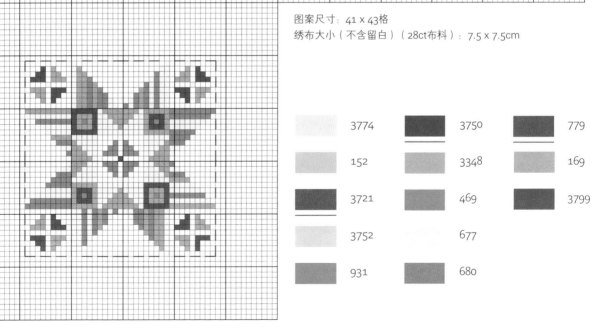

	3774		3750		779
	152		3348		169
	3721		469		3799
	3752		677		
	931		680		

房子的好伙伴

48

49

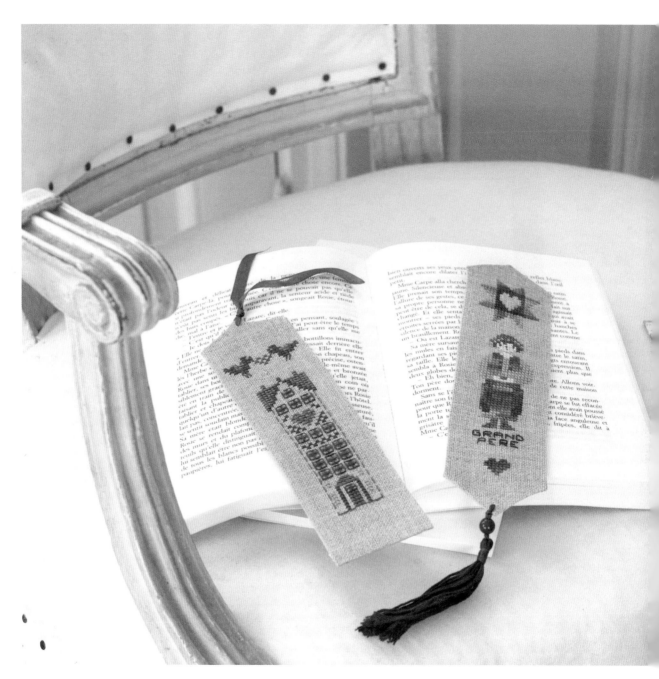

28ct深色亚麻布一块，肩章形状：
5 x 20cm（DMC 842）（或长方形：
15 x 30cm）

罗缎带一条：长20cm，宽4cm

DMC绣线3774号，3721号（或4210号），
3750号（或4240号），469号（或4045
号），680号，779号，3799号各一卷

布头、丝带、小珠子、饰穗

布用粉笔或铅笔、布用胶水

使用十字绣针法和回针针法，将图案绣制在准备好的亚麻布（28ct）中央，绣线为2股/2纱。如果你使用的是长方形亚麻布，在绣布背面画出5x20cm，使图案居中，沿线剪裁布料，使图案距布边1cm，将多余的布料折叠，粘在绣布背面。

做书签下端的尖角时，将两边向中线对折，粘上或缝合。如果你受到启发，来了灵感，可以用穗带、丝带、珠子或绒线球装饰书签。最后，将罗缎带粘在书签背面，挡住绣布的针脚及缝合/粘贴的痕迹。

图案尺寸：108 x 95格

绣布大小（不含留白）（28ct布料）：17 x 15cm

使用十字绣针法和回针针法，将图案绣制在准备好的本色亚麻布
（28ct，DMC 712）中央，绣线为2股/2纱。根据绣画完成后的用途，剪
裁布料。至少在图案四周各留出20cm空白边距。

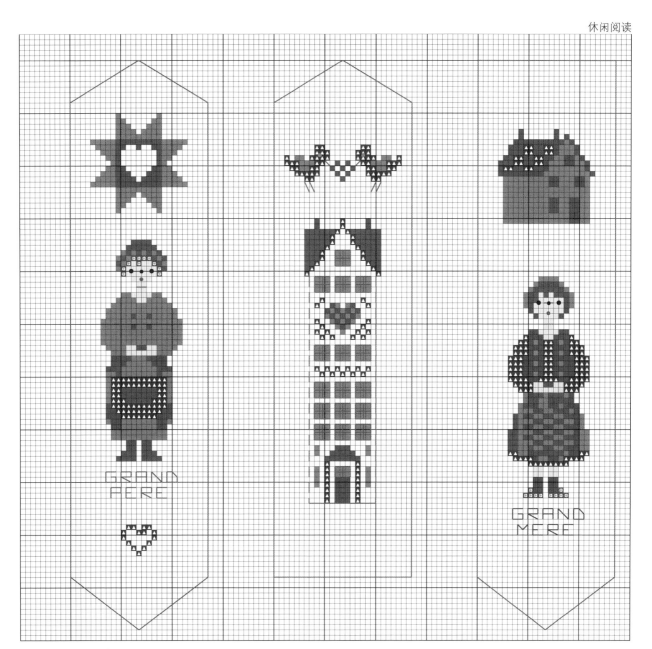

图案尺寸：18 x 84格

绣布大小（不含留白）（28ct布料）：3.5 x 15.5cm

	3774		3750 或 4240 （渐变线）		779	3799
	3721 或 4210 （渐变线）		469 或 4045 （渐变线）		680	

欢迎朋友

使用十字绣针法和回针针法，将图案绣制在准备好的深色亚麻布（28ct）中央，绣线为2股/2纱。

在本色亚麻布上使用2股/2纱绣线，用十字绣针法，绣制图案。注意留白。将这几块小绣布背面粘在热粘合布上。剪裁其中两块布料，使左右两边布边距图案2mm。长方形的两块布料，将其下端小心抽丝，形成5mm长的布穗（参见照片）。

接下来，参考第59页的图案布局，将这些小绣布分别粘在对应大绣图的空白位置上。

用红线（3721号）将小桃心缝在门板上。

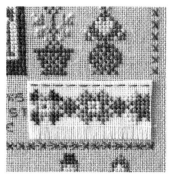

28ct深色亚麻布一块：
42.5x42.5cm（DMC 842）

28ct本色亚麻布一块：
25x20cm（DMC 712）

小桃心或小铃铛一颗

DMC绣线3774号，3721号，3752号，931号，3348号，469号，935号，677号，680号，779号，3799号各一卷

热粘合布一块，用于粘接布料

55

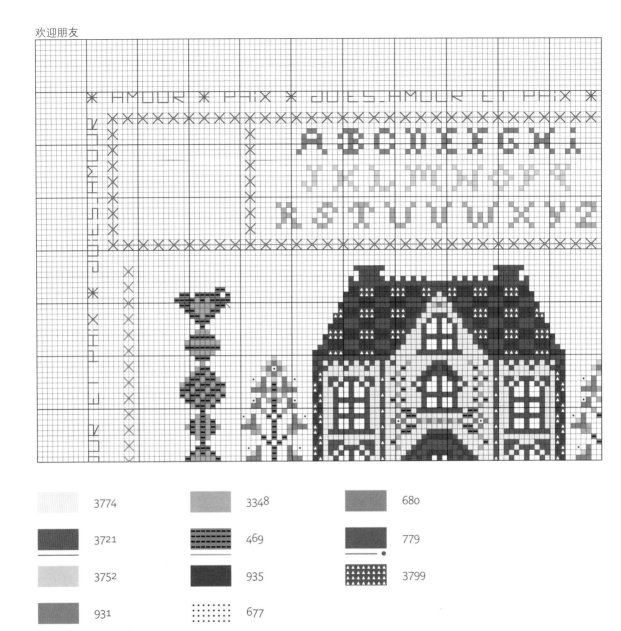

3774		3348		680	
3721		469		779	
3752		935		3799	
931		677			

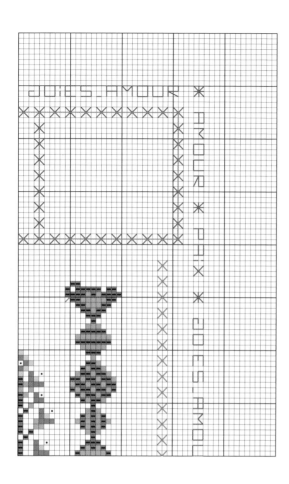

图案尺寸：136 x 136格

绣布大小（不含留白）（28ct布料）：22.5 x 22.5cm

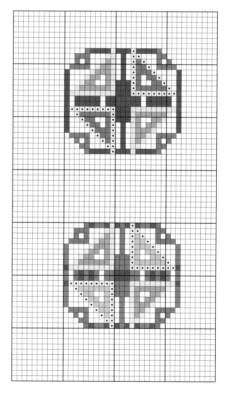

BIENVENUE AUX AMIS
MA MAISON LEUR EST
GRANDE OUVERTE

✱ AMOUR ✱ PAIX ✱ JOIES,AMOUR ET PAIX ✱

58

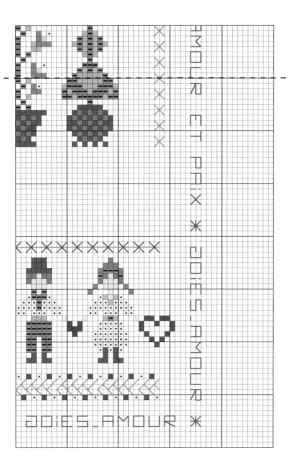

图案布局图

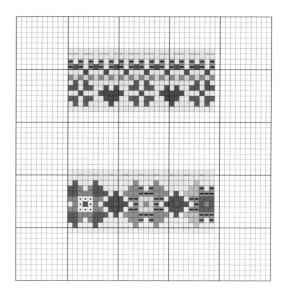

漂亮的装饰带

28ct深色亚麻布一块：装饰物品长度
（余出2cm）x 16cm（DMC 842）

DMC绣线3774号，152号，3721号，
931号，3348号，469号，935号，
677号，676号，680号，779号，310号
各一卷

这个装饰带可以用在许多物品上：小书包或布篮、擦手毛巾、餐巾布等等。量出你想要装饰物品的长度，将亚麻布裁剪成相应的大小。

使用十字绣针法和回针针法，将图案绣制在准备好的深色亚麻布（28ct）中央，绣线为2股/2纱。可以不断重复图案，以适应装饰带的长度，绣满整个装饰带。

若是一条长6cm的装饰带，可以将其四周留白1cm（即图案距布边1cm），裁去多余的，并将这1cm向内折叠，用拱针在折叠处将其同需要装饰的物品缝合。

漂亮的装饰带

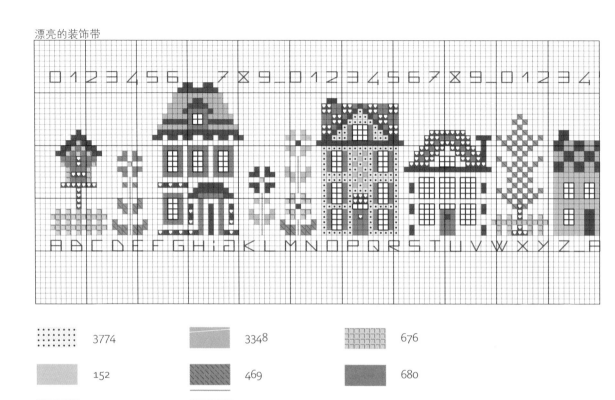

	3774		3348		676
	152		469		680
	3721		935		779
	931		677		310

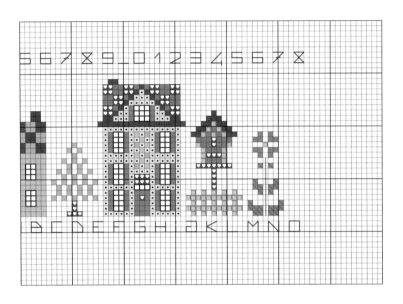

图案尺寸：148（全部绣完最少）x 34格

绣布大小（不含留白）（28ct布料）：22（全部绣完最少）x 5.5cm

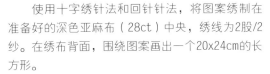

28ct深色亚麻布一块：
27 x 31cm（DMC 842）

普通布料（或亚麻布）一块：
27 x 31cm

DMC绣线677号，676号，3348号，
469号，935号各一卷

合成纤维填充物

布用粉笔或铅笔

使用十字绣针法和回针针法，将图案绣制在准备好的深色亚麻布（28ct）中央，绣线为2股/2纱。在绣布背面，围绕图案画出一个20x24cm的长方形。

将绣布和普通布料面对面（背面朝外）重叠对齐，用大头针固定。在刚刚画好的线外留出2cm空间，剪裁布料。用平针针法沿画线将两块布料缝合，留一个15cm长的开口。

将布料从开口处翻回正面，熨烫，将填充物从开口处塞入，缝合开口。

小靠垫

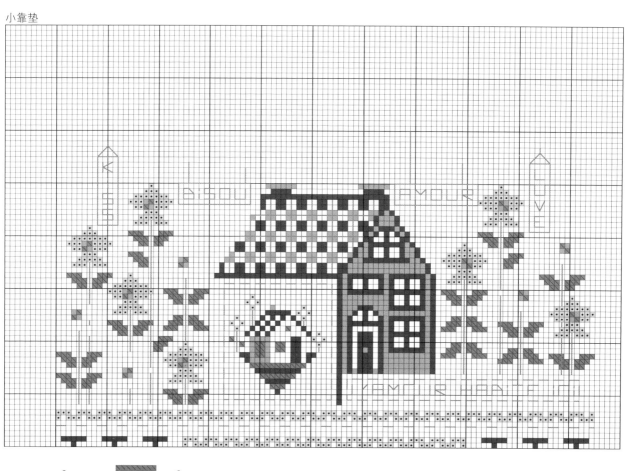

	677	▨ 469	
⣿ 676		▇ 935	
▨ 3348			

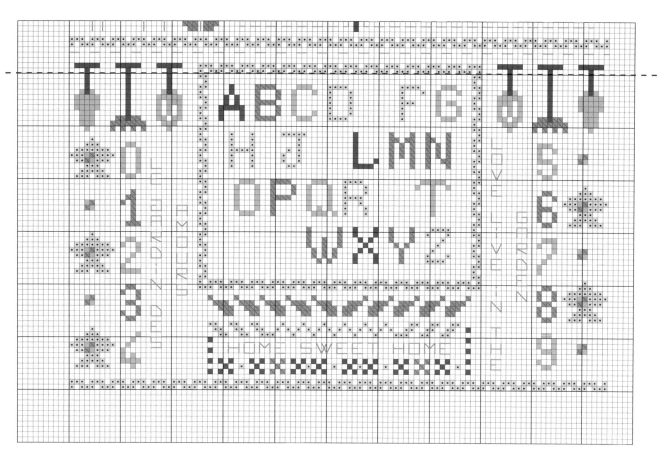

图案尺寸：195 x 130格

绣布大小（不含留白）（28ct布料）：17 x 21cm

68

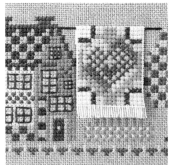

28ct深色亚麻布一块：
42.5 x 42cm（DMC 842）

28ct本色亚麻布一块：
22 x 15cm（DMC 712）

珍珠色心形小扣子一颗

DMC绣线152号，3721号，3752号，
3750号，3348号，469号，677号，
680号，779号，3799号各一卷

热粘合布一块，用于粘接布料

　　使用十字绣针法和回针针法，将图案绣制在准
备好的深色亚麻布（28ct）中央，绣线为2股/2纱。

　　在本色亚麻布上使用2股/2纱绣线，用十字绣
针法，绣制图案。注意留白。将这几块小绣布背面
粘在热粘合布上。剪裁三块布料，使左右两边布边
距图案2mm，上下5mm（见上图照片）。

　　接下来，参考第73页的图案布局，用灰色绣
线（3799号）回针针法，在对应位置绣一道直线。
将这些小绣布的上端分别粘在这条直线对应的位置
上，下端抽丝，形成5mm长的布穗。

　　用红线（3721号）将珍珠色心形扣子缝在对
应的位置上。

69

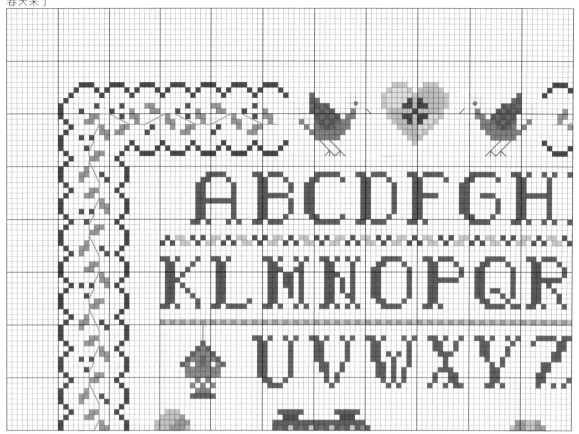

	152		3348		779
	3721		469		3799
	3752		677		
	3750		680		

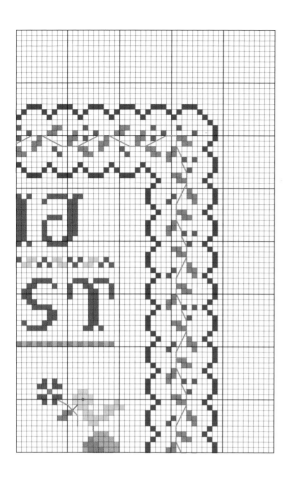

图案尺寸：139 x 137格

绣布大小（不含留白）（28ct布料）：22.5 x 22cm

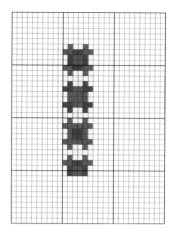

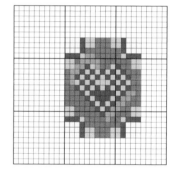

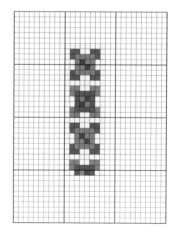

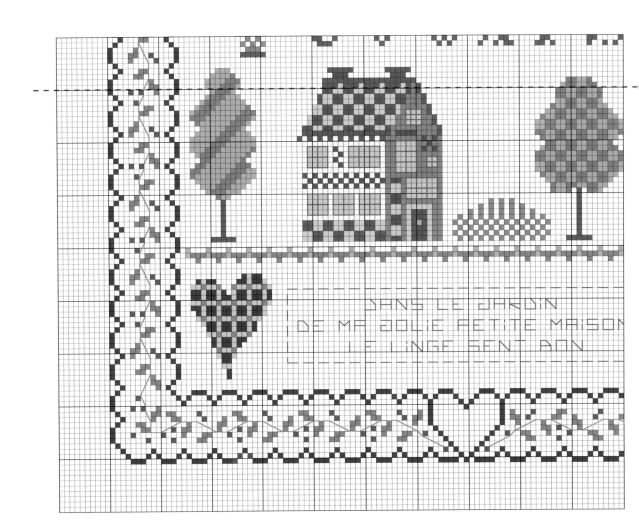

DANS LE JARDIN
DE MA JOLIE PETITE MAISON
LE LINGE SENT BON

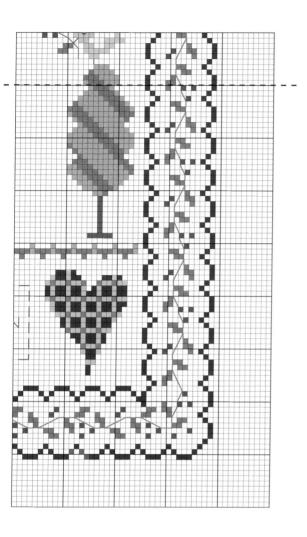

图案布局

圣诞快乐

使用十字绣针法和回针针法，将图案绣制在准备好的深色亚麻布（28ct）中央，绣线为2股/2纱。

在本色亚麻布上使用2股/2纱绣线，用十字绣针法，绣制图案。注意留白。将这几块小绣布背面粘在热粘合布上。剪裁布料，将桃心和帽子各边留白1mm；鞋子和裤子左右两边留白1mm，上下留白5mm；地毯左右留白1mm，上下留白5mm。将地毯下端抽丝形成布穗（参见右侧照片）。

接下来，参考第73页的图案布局，用灰色绣线（3799号）平针针法，在对应位置缝两条直线当作晾衣绳。在晾衣绳的一端缝出一个小圈，当作是晾衣杆的一端，注意长度（参见右侧照片）。

将地毯上端向内折5mm，连同鞋子和裤子一起缝在晾衣绳上。用回针针法，从晾衣绳上绣出一条红线（3721号）和一条黄线（676号），在绣布背面打结，将两个小桃心缝在这两条线的另一端对应位置处。

28ct深色亚麻布一块：
42.5 x 42.5cm（DMC 842）

28ct本色亚麻布一块：
25 x 15cm（DMC 712）

珍珠色心形小扣子一颗

DMC绣线S5200号，3774号，152号，3721号，3750号，469号，676号，680号，779号，3799号，310号，blanc各一卷

热粘合布一块，用于贴接布料

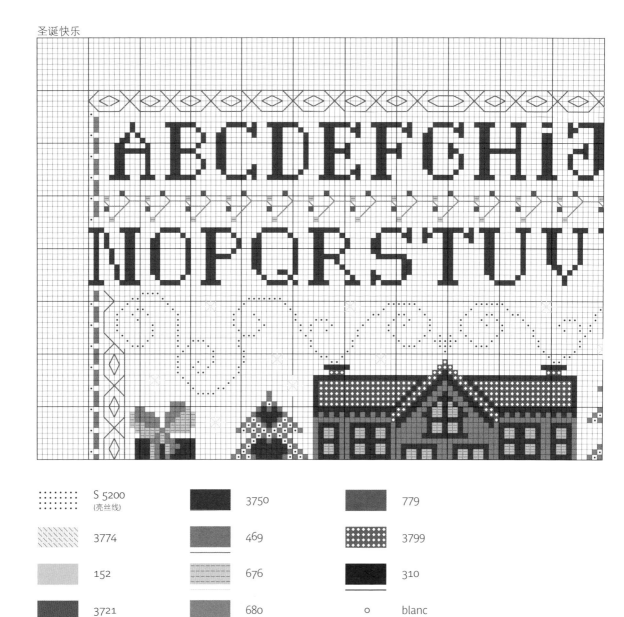

	S 5200 (亮丝线)		3750		779
	3774		469		3799
	152		676		310
	3721		680	○	blanc

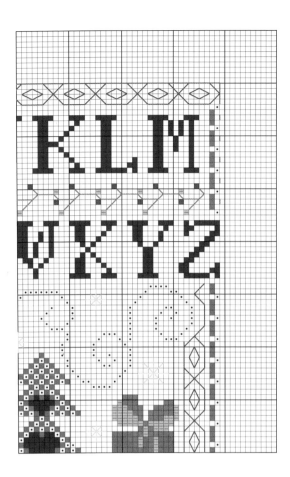

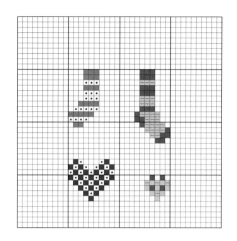

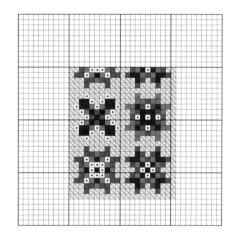

图案尺寸：139 x 139格

绣布大小（不含留白）（28ct布料）：22.5 x 22.5cm

78

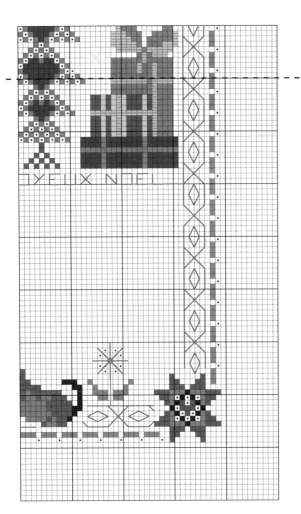

图案布局

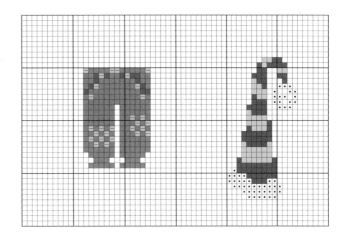

感谢Anne-Laure设计封面和她所给予我的信心和无私的支持。

感谢Julie Cot的付出和优雅。

感谢Fbrice Besse和Sylvie Beauregard的专业和他们的工作。

感谢Virginie Hu的善良、细心和她漂亮的店铺与绣布。

感谢所有我身边的人，感谢你们出于善良、友谊与爱的支持和理解。

衷心地感谢你们。

编者还要感谢 L'Éclat de verre公司，他们精心帮助我完成了这本书中的许多绣作。

十分感谢Marie-Pascale和Christophe Savouré提供给我们场地来摆设这些绣物以作拍照之用。

闲时光系列......

手工皂 *Soapmaking*

自己做 100% 保养级手工皂
作者：（台湾）娜娜妈
出版时间：2012 年 3 月
定价：49.00 元
ISBN：978-7-5080-6737-7
台湾手工皂达人娜娜妈的经典之作！

在家做 100% 超抗菌清洁液体皂
作者：（台湾）糖亚
出版时间：2012 年 3 月
定价：49.00 元
ISBN：978-7-5080-6738-4
最畅销的 DIY 液体皂书！

手工皂终极指导书
作者：（美）安妮·沃森
出版时间：2013 年 3 月
定价：29.80 元
ISBN：978-7-5080-7296-8
欧美最为畅销的手工皂制作经典书！

跟着乔叔做渲染皂
作者：（台湾）乔叔
出版时间：2013 年 3 月
定价：49.80 元
ISBN：978-7-5080-7357-6
国内第一本手工"渲染"皂书！

十字绣·刺绣 *Cross Stitch & Embroidery*

雅致的单色绣·黑色
作者：（法）卢卡诺
出版时间：2013 年 3 月
定价：29.80 元
ISBN：978-7-5080-7356-9
风靡欧美的法式单色十字绣书！

雅致的单色绣·蓝色
作者：（法）卡维尔
出版时间：2013 年 3 月
定价：29.80 元
ISBN：978-7-5080-7355-2
风靡欧美的法式单色十字绣书！

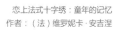

恋上法式十字绣：甜蜜的家
作者：（法）玛丽艳
定价：35.00 元
出版时间：2014 年 1 月
法式浪漫、温情心形图案十字绣书！

恋上法式十字绣：童年的记忆
作者：（法）维罗妮卡·安吉涅
出版时间：2014 年 1 月
法国最顶尖十字绣设计师 V.E. 的怀旧之作！